U0065632

達克比辦案 7

末日恐龍王

地球的五次生物大滅絕

文 胡妙芬　圖 柯智元
達克比形象原創 彭永成
審訂 楊子睿 古生物學家、國立自然科學博物館研究員

課本像漫畫書 童年夢想實現了

臺灣大學昆蟲系名譽教授、蜻蜓石有機生態農場場長 **石正人**

讀漫畫，看卡通，一直是小朋友的最愛。回想小學時，放學回家的路上，最期待的是經過出租漫畫店，大家湊點錢，好幾個同學擠在一起，爭看《諸葛四郎大戰魔鬼黨》，書中的四郎與真平，成了我心目中的英雄人物。我常看到忘記回家，還勞動學校老師出來趕人，當時心中嘀咕著：「如果課本像漫畫書，不知有多好！」

拿到《達克比辦案》書稿，看著看著，竟然就翻到最後一頁，欲罷不能。這是一本將知識融入漫畫的書，非常吸引人。作者以動物警察達克比為主角，合理的帶讀者深入動物世界，調查各種動物的行為和生態，透過漫畫呈現很多深奧的知識，例如擬態、偽裝、共生、演化等，躍然紙上非常有趣。書中不時穿插「小檔案」和「辦案筆記」等，讓人覺得像是在看CSI影片一樣的精采；許多生命科學的知識，也在不知不覺進入到讀者的腦海中。

真是為現代的學生感到高興，有這麼精采的科學漫畫讀本，也期待動物警察達克比，繼續帶領大家深入生物世界，發掘更多、更新鮮的知識。我相信，有一天達克比在小孩的心目中，會像是我小時候心目中的四郎和真平一般。

我幼年期待的夢想：「如果課本像漫畫書」，真的是實現了！

從故事中學習科學研究的方法與態度

臺灣大學森林環境暨資源學系教授與國際長 **袁孝維**

《達克比辦案》系列漫畫趣味橫生，將課堂裡的生物知識轉換成幽默風趣的故事。主角是一隻可以上天下海、縮小變身的動物警察達克比，他以專業辦案手法，加上偶然出錯的小插曲，將不同的動物行為及生態知識，用各個事件發生的方式一一呈現。案件裡的關鍵人物陸續出場，各個角色之間互動對話，達克比抽絲剝繭，理出頭緒，還認真的寫了學習單和「我的辦案心得筆記」。書裡傳達的不僅是知識，而是藉由說故事的過程，教導小朋友如何擬定假說、邏輯思考、比對驗證等科學研究方法與態度。不得不佩服作者由故事發想、構思、布局，再藉由繪者妙手生動呈現的高超境界了。

作者是我臺大動物所的學妹胡妙芬，有豐厚的專業背景，因此這一系列的科普漫畫書，添加趣味性與擬人化，讓小朋友在開心快樂的閱讀氛圍裡，獲得正確的科學知識；在大笑之餘，也有滿滿的收穫。

結合生動故事與龐雜古生物知識的有趣童書

古生物學家、國立自然科學博物館研究員 **楊子睿**

坊間極為少見以古生物為主題的科普童書，若有通常也以百科或成人書為主，讀起來不免有些枯燥艱深，看到《達克比辦案7：末日恐龍王》的書稿時，深深讓人感到眼睛為之一亮——終於出現了結合生動故事與龐雜古生物知識的有趣童書，寓教於樂，充分滿足了所有人對古生物的幻想。

在第七集中，達克比和新夥伴小博，因緣際會參與了跨時空古生物劇場的體驗活動，從精采的故事中，帶領讀者循序漸進認識地球歷史上著名的五次生物大滅絕，同時也不著痕跡的介紹了古生物、生物、地質、氣候等領域的科普知識。此外，書中還隱含著環境教育與保育的觀念，藉由達克比的冒險經歷清楚闡述了物種滅絕的原因，以及環境中各項生物與非生物是如何運作與相互影響，並描繪了一個我們從沒見過、奇幻的地球環境。

最後，也由衷希望讀者能鑑古至今，在閱讀完這本充滿知識且饒富趣味的書籍後，除了知識上的吸收外，也能為保護我們美麗的地球盡一份自己小小的心力。

達克比是絕對不容錯過的科普好書

資深國小教師、教育部 101 年度閱讀磐石個人獎得主 **林怡辰**

長期到各地與老師們分享國小的閱讀帶領，總習慣推薦「高動機」又有「優質內容」、「叫好又叫座」的書籍清單，而《達克比辦案》系列，常常都位居我的排行榜第一名。

第一、它是有趣動人、畫風可愛的漫畫：不僅喜歡科普的孩子會愛不釋手，即使是閱讀偏食、不愛科普的小讀者也會被深深吸引，只要達克比一出，孩子常常是一本接一本，深埋其中還不時發出笑聲。

第二、優質內容：達克比的知識內容有清楚的議題帶領孩子思考、討論與發現，更設計清楚的對話和圖表呈現科學內容，一目瞭然又能引導思考。

第三、銜接中小學生物與地球科學課程： 這次出的第七集，是以古生物為主題，達克比和小博跨時空，重返地球歷史上最驚心動魄的五次生物大滅絕現場，在每次的大滅絕中看見地球上各種生物的相依相存，更看見地球演化的歷程！將艱深複雜的地球科學知識，清楚簡單又饒富趣味的包裝在一個個謎題之中，原來在這些時間軸上，生物們有這樣不同的地位。而最後一次大滅絕，是大家比較耳熟能詳的隕石撞擊地球，造成恐龍等古生物消失；跟著達克比和小博身歷其境，自己彷彿也親臨隕石撞擊後的岩漿與災難現場……

不是好書是不會花時間細細推薦的，《達克比辦案》系列，是孩子不容錯過的科普好書！

目錄

鴨嘴獸「達克比」是一個動物警察，
駐守在河邊的小木屋派出所。

達克比的任務裝備

達克比，游河裡，上山下海，哪兒都去；
有愛心，守正義，打擊犯罪，他跑第一。

猜猜看，他會遇到什麼有趣的動物案件呢？

全球冷化的考驗

啾～
啾啾～
啾～

ZZZ

啊……

這兩天特別累，卻想
不起來到底為什麼？
敲
敲
他們究竟忘了什麼？請見上集第五單元。

還腰酸背痛，
很奇怪……
敲
敲

不過，巡邏的時間到了，
我們還是快去吧！
好

吱——

什麼?!
啊!

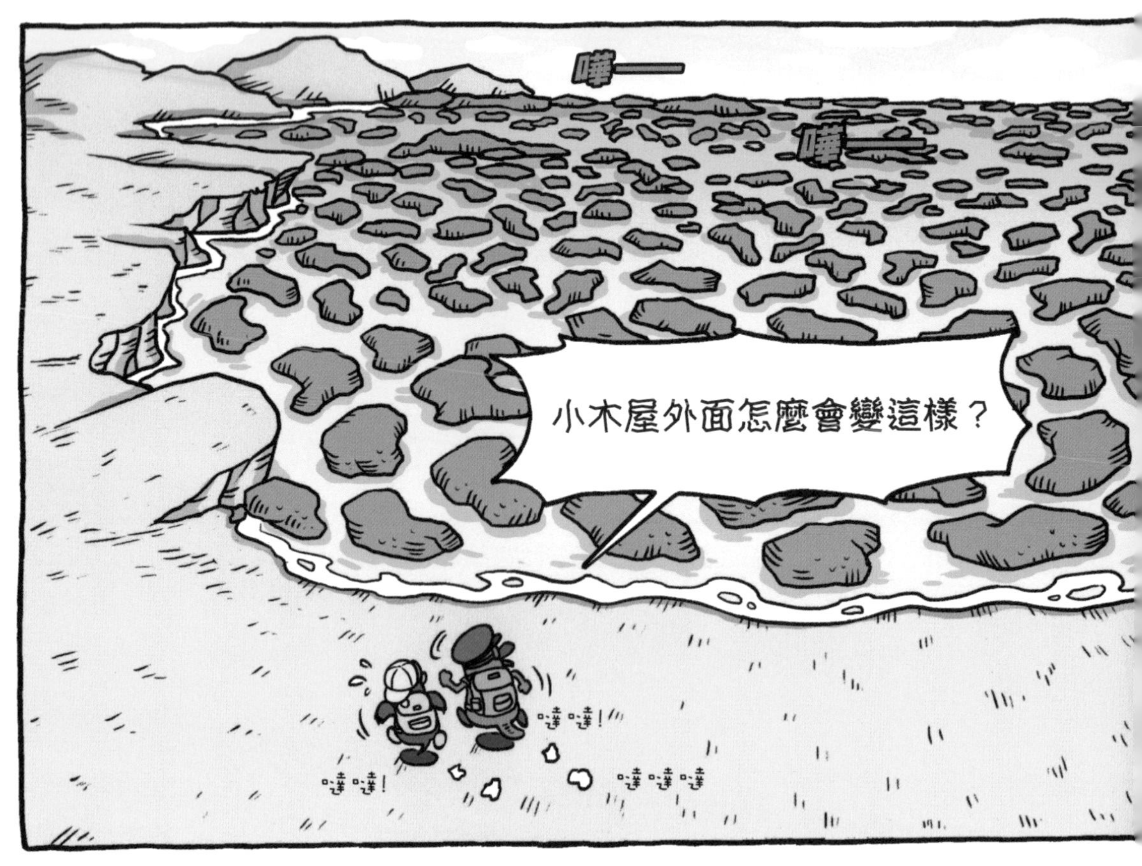
嘩——
嘩——
小木屋外面怎麼會變這樣？
噠噠！
噠噠！
噠噠噠

……

啊
轉

我的派出所……
消失了！

達克比，你身上
有東西在發亮！

你也是！
在你後面！

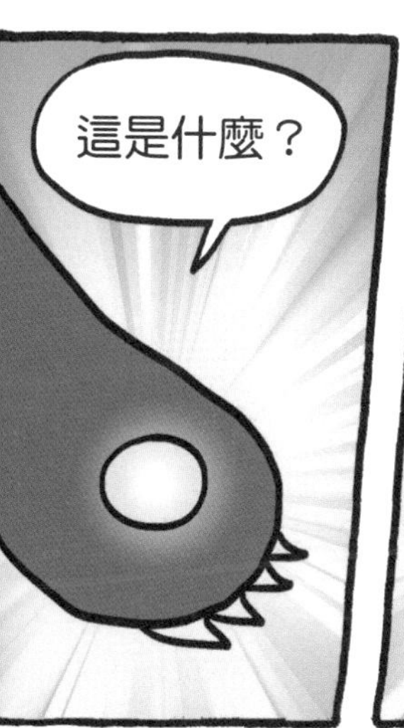
這是什麼？

我不知道……

！
！

嗨～

兩位好，歡迎來到跨
時空古生物劇場……
你……你你……
你是誰？
：我是古生物劇場的導覽員，特別來說明今天的參觀規則。這裡是第一站——「奧陶紀」，距離現代 4 億 4856 萬 5475 年 228 天 5 小時 2 分 40 秒……
：但但但……但是我們沒有說要參觀呀！
：這我就不清楚了。你們手上亮亮的東西就是參觀門票，沒人告訴你們今天會生效嗎？

既然來了，你們就
好好玩吧！

接下來你們將體驗
五個時空……

第一次
奧陶紀末期
距今 4.4 億年前
約有 85% 的生物種類滅絕
分別是地球歷史上
最嚴重的五次
「生物大滅絕」。
第二次
泥盆紀末期
距今 3.7 億年前
海洋生物大規模滅亡

第三次
二疊紀末期
距今 2.5 億年前
超過 75% 的陸地生物及
95% 的海洋生物滅亡
第四次
三疊紀末期
距今 2 億年前
大約 75% 的生物種類消失
第五次
白堊紀末期
距今 6500 萬年前
非鳥類恐龍、翼龍、滄龍、
蛇頸龍及大量動植物滅亡

地球歷史有不同的「地質年代」

地質或古生物學家會利用某些化石的出現或消失時間做為界線，將漫長的地球歷史劃分成不同的「地質年代」。因此像生物大滅絕這類的重大事件，經常成為一個地質年代結束的標記。

地球年代表（單位：百萬年前）

冥古宙
太古宙
始太古代 古太古代 中太古代 新太古代
細菌出現
元古宙
古元古代 中元古代 新元古代
單細胞生物出現
藻類出現
多細胞生物出現
有殼動物出現
海綿出現
~4,567 4,031 3,600 3,200 2,800 2,500 1,600 1,000 539

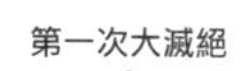

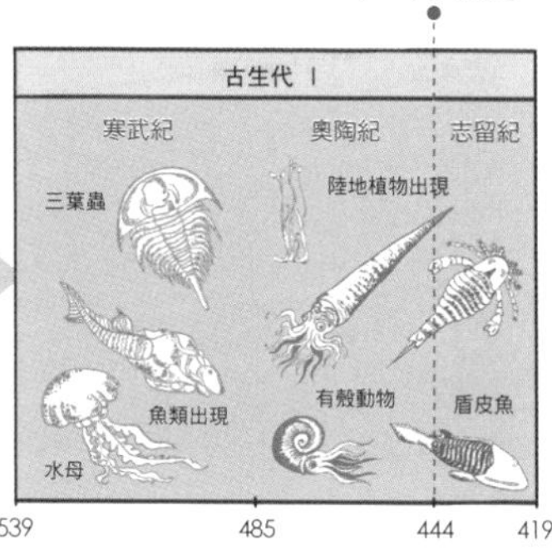

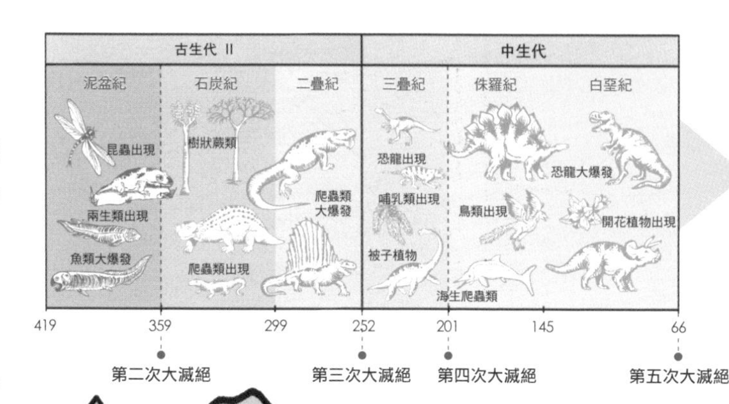

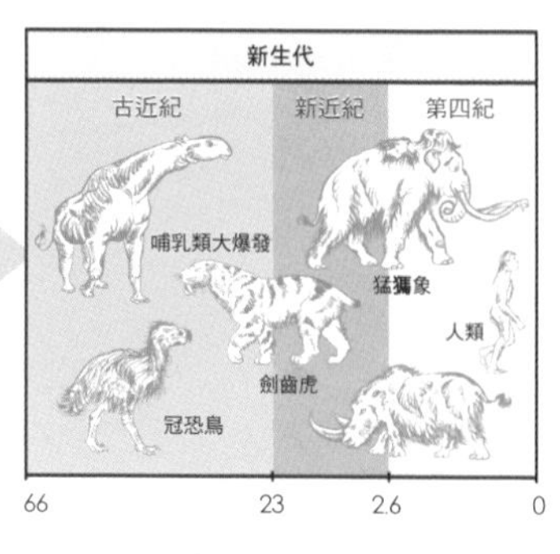

大大……大滅絕？！

沒錯！親身體驗過去的滅絕事件，才會更懂得珍惜現代的地球。

學習單

體驗完畢後，只要按下按鈕並完成學習單，就會自動進入下一個時空。
嗶～

才不要！我小時候最懶得寫學習單了！
刷

呵呵，感覺好有趣，
我開始迫不及待了……
沙
沙

你想想看，我們竟然
可以回到古代身歷其
境耶……

一定會碰到很多
古生物！
還可以跟他們
拍照！

嗯嗯，越想越好玩！

BYE~
啊！

消失了……

什麼嘛！
咚！

奧陶紀真無聊……
咚

奧陶紀的陸地只有風聲和遍地岩石。因為地球生命來自海洋，而當時的動植物還沒有登上陸地。雖然陸地上空曠死寂，海洋裡卻熱鬧非凡。
沒有蟲、沒有鳥，光禿禿的，什麼都沒有……
咚
咚

這有什麼好參觀的嘛？
啊！糟糕！

怎麼啦？
發生什麼事？
噠噠！

海裡一片黑壓壓……
啊！是三葉蟲和海蠍
家族準備開戰了！

什麼蟲？什麼蠍？
怎麼都沒聽過……
啪

不管了，立刻吞下
潛水藥丸……

奧陶紀大執法！
出動！

前進奧陶紀的「無魚海」

奧陶紀時期非常溫暖，當時地球有 90% 的面積都被海水淹沒，海洋則被稱為「無魚海」，住著各式各樣奇特的海洋生物，而且由於深海缺乏氧氣，幾乎所有生物都聚集在淺海（如右上圖的紫色區域）。不過，無魚海並不代表完全沒有魚，只是當時的原始魚類小又少，還是非常不起眼的角色。

奧陶紀時期的海陸分佈
山
陸地
淺海
深海
甲冑魚
海百合
皺壁珊瑚
床板珊瑚

三葉蟲與海蠍小檔案

姓名	三葉蟲
生存年代	距今 5.2 億～2.5 億年前
種類數目	約 1 萬 5000 多種
特徵	曾經遍布地球的海洋，是數量最多的一種化石動物。體長約 3 ～ 10 公分，但也有 70 公分的巨型三葉蟲。牠們大多數住在海底，以過濾沙中的小生物為食；背部則分為左、中、右三個分葉，所以才被稱為「三葉蟲」。

姓名	海 蠍
生存年代	距今 4.6 億～ 2.5 億年前
種類數目	約 300 多種
特徵	正式名稱是「廣翅鱟」或「板足鱟」(鱟讀為ㄏㄡˋ)。體長約 46 ～ 260 公分。喜歡成群生活在河口或淺海，是凶猛的掠食性動物。
犯罪嫌疑	光天化日之下集體鬥毆

咻
咻

嘩
嘩

走開！
這是我們的地盤！
轟

大海又不是你家的？
憑什麼趕我們走？
啪
啪

不要打啦，不要再打啦！
啊
呃
鏘

唉，末日降臨，世界大亂
……誰來解救我們啊？

啊！

就是那個光！
古老的預言實現啦！光明之神從天而降來救我們，大家別再自相殘殺了！

啊？
這就是神？
神怎麼看起來毛毛肥肥的……

親愛的光明之神，我們等待您的降臨，已經等了很久很久啦！
：頭頂太陽標記，身體散發光芒。根據古代預言，您就是解救寒冷冰期的光明之神！
：咳咳好啦好啦……先不管什麼神不神的……請問，你們雙方為什麼打架？
：唉，説來話長。長久以來，世界廣布著一片溫暖而遼闊的淺海，全世界 90% 的生物都生活在淺海之中……
：我知道！奧陶紀時期非常溫暖，地球上的大片陸地都被海水淹沒，變成淺海……
：那是以前！現在，世界已經發生巨大變化！「全球冷化」降臨，將為全世界的生靈帶來毀滅！

哪有這麼嚴重？「全球冷化」才好呢……

我住的現代地球，大家都在為「全球暖化」煩惱！

恭喜你們！
？
變冷很涼才好呢！恭喜！

一點都不好！

全球冷化會造成海平面下降！
連這個都不懂，你這個神是怎麼當的啊！

全球冷化會讓海水下降

乍聽之下，地球冷不冷跟海水高低好像沒有關係。但事實上，當「全球冷化」時，海平面會下降。這是因為天氣變冷時，大量的水會結成冰雪，堆積在陸地上，流進海裡的水變少，海平面就會慢慢降低，淺海也會漸漸變成陸地。但「全球暖化」時卻剛好相反，大量冰雪會融化成水、流進大海，導致海水增加，海平面也會跟著上升。

地球溫度正常

海水蒸發成雲，下雨後，水分又會回到大海，海水能維持固定的高度。

地球溫度變低

海水蒸發成雲，但因溫度太低而降下冰雪，冰雪會堆積在陸地上，不會流回大海，所以海平面會持續下降而露出陸地。

全球暖化會讓海水上升

在奧陶紀時的古代，地球上的生物幾乎全都擠在水深 200 公尺以內的淺海，但因全球冷化造成地球的平均溫度下降，海水也因而下降約 140 公尺，大片淺海都變成陸地，造成嚴重的生物大滅絕，85% 的生物種類也跟著消失。

相反的，我們生活的現代地球，面臨的問題是全球暖化，如果地球的平均溫度持續升高、南北極的冰雪逐漸融化，海平面將會隨著時間慢慢上升，淹沒海邊的陸地和城市。

自從地球變冷以後，
大片淺海都變成陸地，
好多海洋生物都乾死了！

由於我們都只能住在淺
海，變得無處可去……

為了搶地盤，當然
會引發戰爭！
對啊，我們只是
為了活下去！

光明之神啊！請您
救救我們吧……
請幫助我們！
拜託！

就算打贏也未必能活下去！這是一場可怕的大滅絕啊！
嗚～
嗚嗚～

走！我帶大家搬家到深海，就不用擔心淺海變陸地啦！

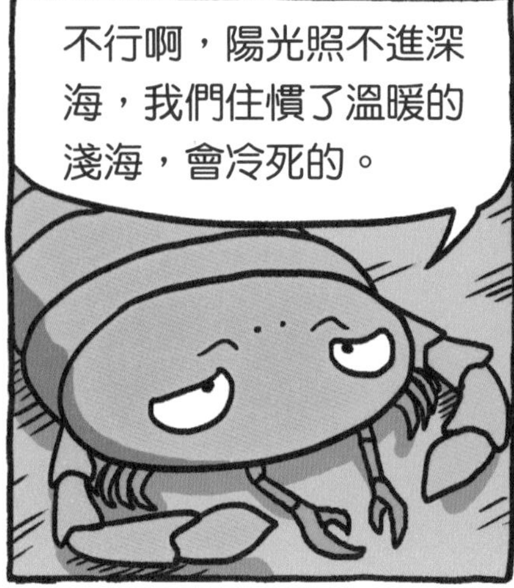
不行啊，陽光照不進深海，我們住慣了溫暖的淺海，會冷死的。

對啊，而且深海中缺乏氧氣，搬去那裡我們會無法呼吸。

那不然，我們一起沿著海岸尋找其他適合生存的淺海！

都找過了……
到處擠滿了動物……

肚子好餓……
我也好餓……
我也是……

我看他拿不出一點辦法，說不定根本不是神……
神來也沒用，我看我們死定了！

誰說的？可別小看我！

我來自現代，那裡
可是有高科技！
鏘
咚

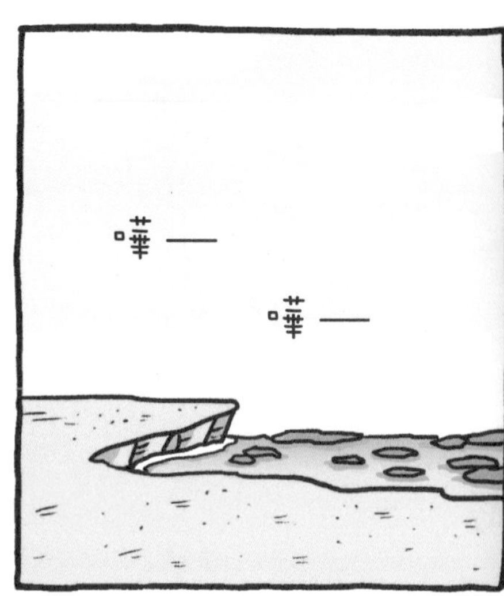
嘩—
嘩—

沙
沙
鏘

嘩

耶！
嘩啦
唷呼！
嘩啦

謝謝光明之神！
謝謝你幫我們挖
了新淺海！
光明之神
太厲害了！

第一次生物大滅絕　學習單

發生時間： 距今 4.4 億年前（奧陶紀末期）

主要原因： 全球冷化造成海水下降，淺海乾涸變成陸地。

觀察筆記：

1. 奧陶紀的地球生物大部分生活在淺海，所以海水下降的影響特別嚴重，有 85% 的生物種類滅亡。
2. 海蠍勇敢度過滅絕危機，成為下一個時代最強盛的海洋家族。三葉蟲雖然沒有完全消失，卻因此元氣大傷，無法恢復到大滅絕前的繁榮景象。
3. 奧陶紀是「全球冷化」、淺海變陸地。現代則是「全球暖化」、陸地可能變淺海。
4. 在奧陶紀之後，地球經過了500萬年，才又恢復成生機盎然、擁有眾多生物的星球。

學習心得：

暖化地球發高燒，冷化地球重感冒；
地球媽媽請保重，不冷不熱才剛好。

盾皮魚的死亡陷阱

靜——
靜——

哇！

這裡的海洋
熱鬧多了！

第二站：泥盆紀末期，
距離現代 3.7 億年……
好癢！

上一站是「無魚海」，怎麼到了泥盆紀就變出這麼多魚？
吃
吃
吃
泥盆紀的海洋進入「魚類時代」，由魚類主宰海洋，尤其是各式各樣的「盾皮魚」……
格陵蘭魚
羅佛魚
粒骨魚
溝鱗魚
海因茨斯坦魚
小眼坡塘魚

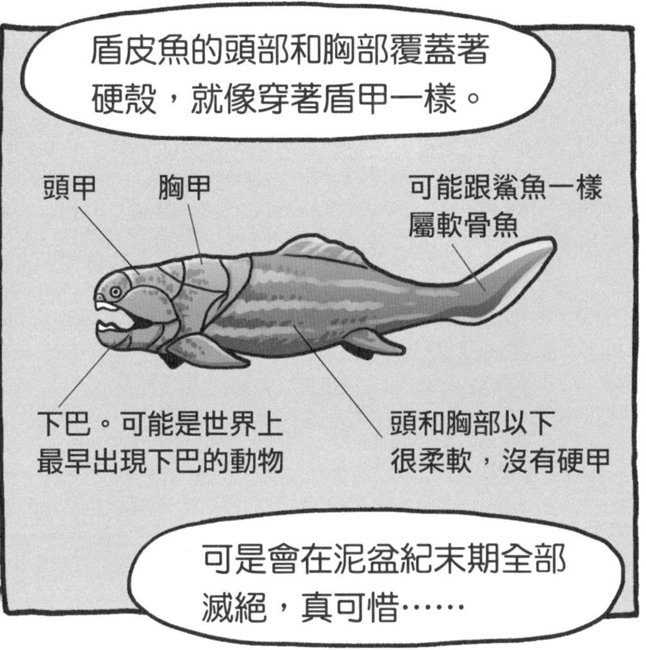
盾皮魚的頭部和胸部覆蓋著硬殼，就像穿著盾甲一樣。
頭甲
胸甲
可能跟鯊魚一樣屬軟骨魚
下巴。可能是世界上最早出現下巴的動物
頭和胸部以下很柔軟，沒有硬甲
可是會在泥盆紀末期全部滅絕，真可惜……

哈
癢
啊！

達克比，你後面！

！

呃呃呃……

啊！

是你呀！海蠍子！
?
啪
啪
啪

我跟你家祖先是老朋友了。
搖搖
用力

上一次的大滅絕要不是
我出馬相救……

怎麼會有今天的你！
你說是吧……
刷

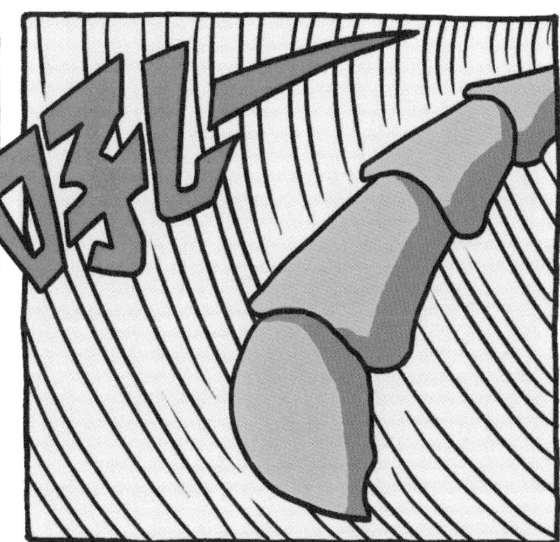
吼

啊！

怎麼會變這樣？

快！
躲進這裡！
呼
呼

鏘
鏘
鏘

管你什麼祖先……
砰

什麼大滅絕……
砰

啊！
我只想填飽肚子……
啊！
啊！

吃掉你們！

呃？

！

~吼

是鄧氏魚！
救命啊~

姓 名	泰爾雷鄧氏魚（學名 *Dunkleosteus terrelli*）
生存年代	距今 3.8 億～ 3.5 億年前
體 型	目前發現的鄧氏魚超過 10 種，其中最大的是泰爾雷鄧氏魚，體長大約 6 公尺，重量可達 1000 公斤。
特 徵	是目前發現最大的盾皮魚，牠們的頭和胸有硬殼保護，但是硬殼太重，導致游泳速度變慢；大嘴則有驚人咬力，可以直接咬穿鯊魚、菊石或其他盾皮魚，再把消化不了的硬殼吐出來。泰爾雷鄧氏魚除了是泥盆紀晚期人見人怕的海洋霸主，也是當時最可怕的海洋殺手。

咻—
咻—

嘿！小博……
啊？

我往左，你往右！
先找地方躲起來，
我再回來找你！

好！

呼……呼……
刷

啊～～～

躲到睡著，
太累了……

好安靜喔……
怎麼還沒來？

達克比，
你在哪裡？

我沒事了……
達克比！

喂～～～
達克比你在哪裡？

啊！

這……是怎麼回事？

啊！

怎麼只有他們？
達克比！
達克比呢？

難道……這就是泥盆紀大滅絕的死亡陷阱——「海洋死亡區」？！

但死亡區到底是
怎麼形成的呢？

糟糕！我也開始
缺氧了……

快要窒息了……

怎麼辦？

你到底在哪裡？

達克比……

海洋死亡區的形成

當池塘、湖水或海水裡，有藻類或其他水生植物大量繁殖，把大部分的氧氣都用光時，水裡可能就會變得極度缺氧，成為沒有生物可以存活的「死亡區」。死亡區就像一個無聲無息的死亡陷阱，會讓不小心進入的動物窒息死亡。如果缺氧的海水持續蔓延，就會有更多動物在睡夢中默默的死去。

死亡區是池水、湖水或海水「優養化」的結果。但是優養化是什麼？造成優養化的凶手又是誰呢？

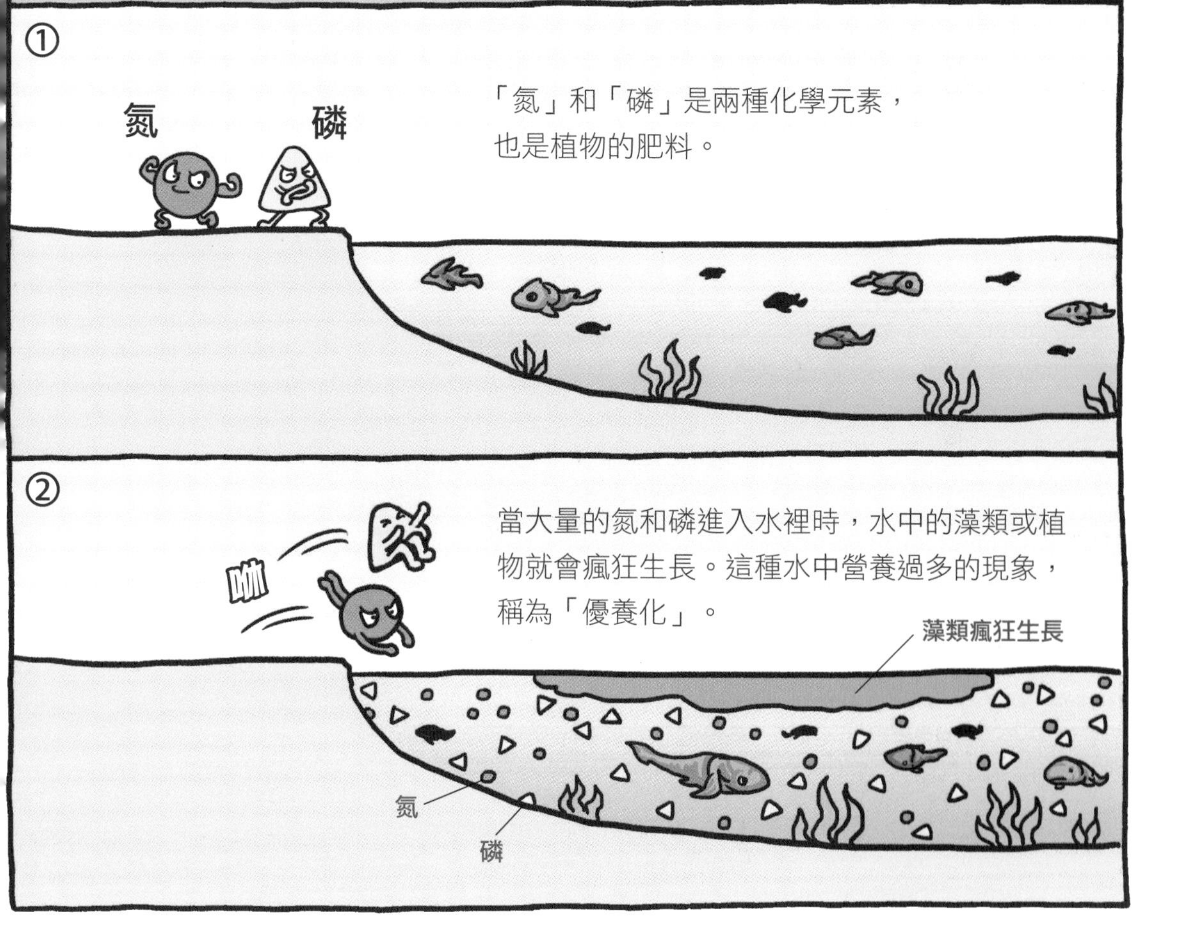

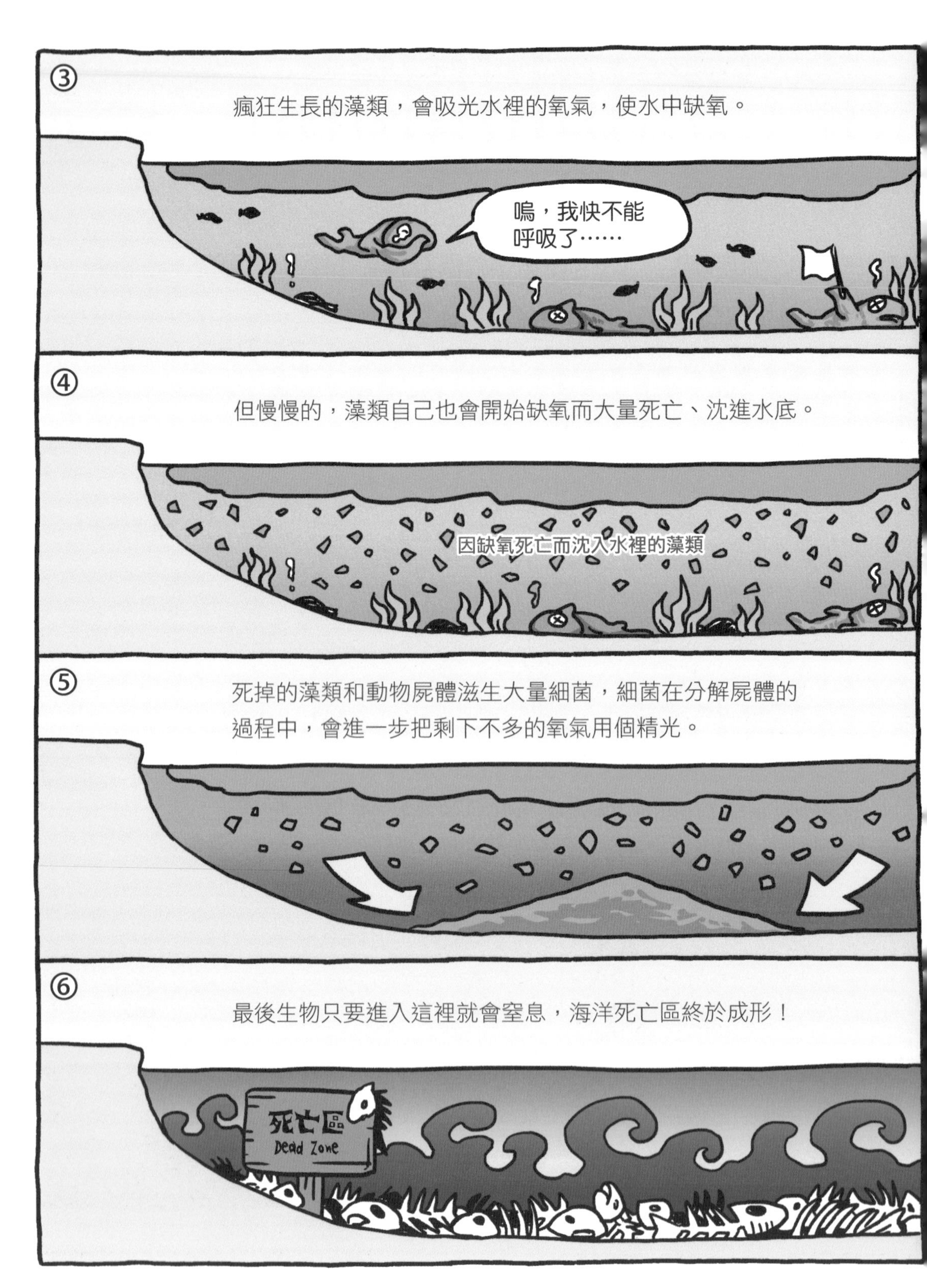
③
瘋狂生長的藻類，會吸光水裡的氧氣，使水中缺氧。
嗚，我快不能
呼吸了……
④
但慢慢的，藻類自己也會開始缺氧而大量死亡、沈進水底。
因缺氧死亡而沈入水裡的藻類
⑤
死掉的藻類和動物屍體滋生大量細菌，細菌在分解屍體的
過程中，會進一步把剩下不多的氧氣用個精光。
⑥
最後生物只要進入這裡就會窒息，海洋死亡區終於成形！
死亡區
Dead Zone

你這笨蛋！

還好我們有趕上……
砰

你不知道地球
生物很脆弱嗎？
砰

隨便讓他們回到古代，
一不小心就有生命危險！
嗚嗚

啊，他醒了！

：你們是誰？是你們救了我嗎？

：哈！我們是上次解剖你們的外星人啊……不記得了嗎？啊對，你們被敲了失憶槌，是我忘了……

：閉嘴！你快點去找達克比，別在這裡誤事……咳咳！小博，你好，我們是黏巴答星球的古生物調查團。你剛才闖入死亡區，差點沒命，導覽員沒事先警告你嗎？

：沒有啊，我們是被鄧氏魚追，才不小心跑進那裡的。但是，為什麼泥盆紀的海洋，會出現這麼大片的死亡區呢？

：唉，説來話長。這一大片死亡區，遍布在各地的海洋，最後帶來了第二次的生物大滅絕。造成這場海洋大災難的禍首，其實是從陸地上的「樹[註]」開始的……

註：這一單元的「樹」指的是當時的大型蕨類和古羊齒植物。為方便小朋友理解，統稱為「樹」。

其實，每個不同的生命，彼此間都可能有關係……

只是你們看不到……

：由於泥盆紀的「樹」在世界各地到處生長，它們把根伸進岩石，造成岩石碎裂，並釋放出大量的「氮」和「磷」。接著，氮和磷又跟著雨水沖進大海，製造出大片大片缺氧的死亡區。所以在泥盆紀末的大滅絕，對象是海洋生物，陸地生物幾乎不受影響。
：每個時代都有「樹」，為什麼只有泥盆紀的「樹」造成大滅絕呢？
氮
磷
死亡區

大「樹」曾經闖下大禍

現代陸地長滿樹木和各種植物，但在遠古時代卻不是這樣的。在數十億年前的遠古地球，陸地上沒有任何植物，所以後來當植物登上陸地，或是演化出新型態的植物時，都會對地球環境帶來巨大衝擊。

距今 35 億～12 億年前

陸地上沒有植物，只有海洋中的藍綠菌聚集生長，黏結成一塊塊圓頂狀的構造，名為「疊層石」。

疊層石

距今 4.5 億年前

水中的藻類演化成蘚苔類，開始登上陸地。但是蘚苔類還不能離水生活，所以非常矮小，只能在水邊生長。廣大的陸地還是一片荒涼，布滿巨大的岩盤和石塊。

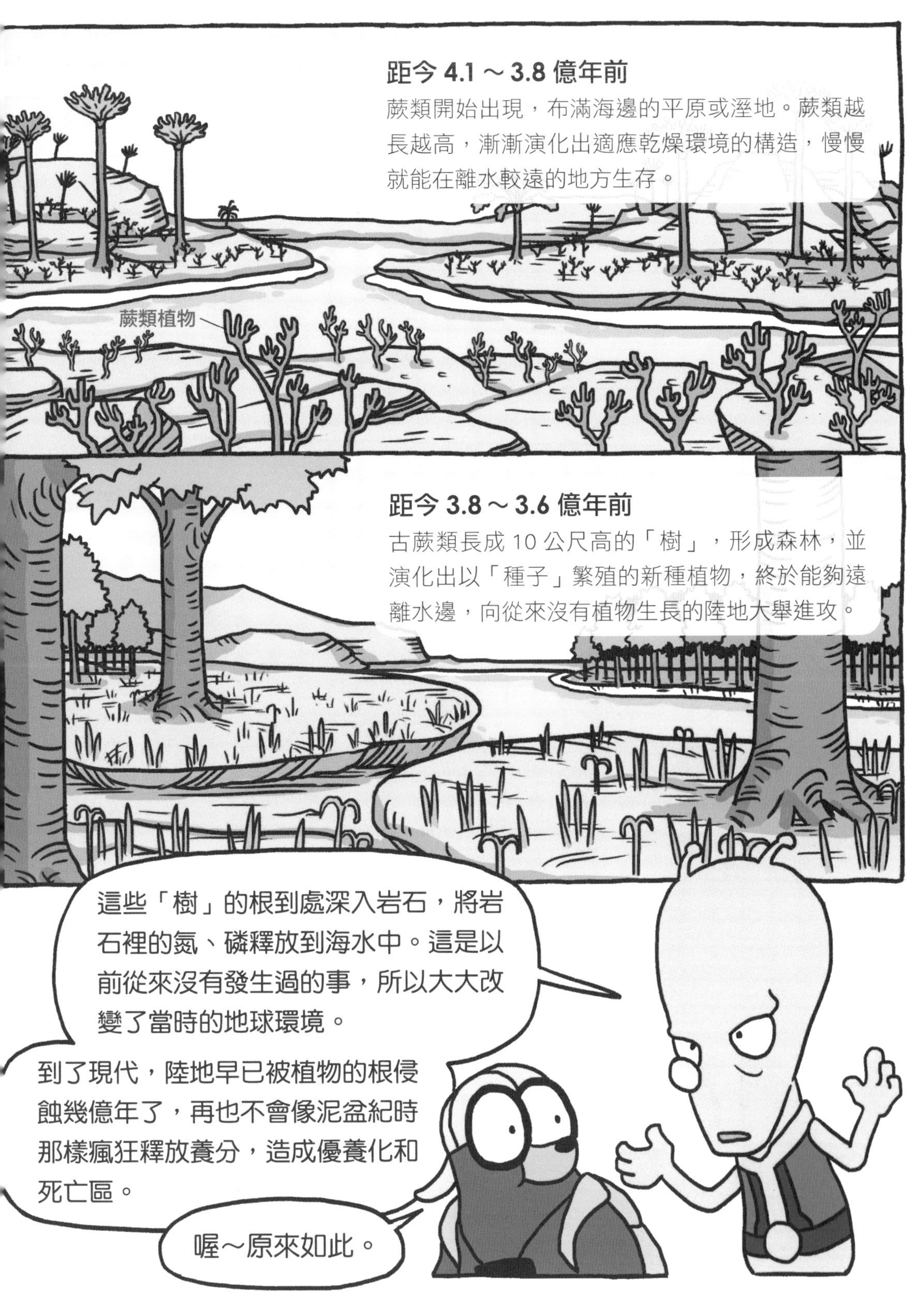
距今 4.1～3.8 億年前
蕨類開始出現，布滿海邊的平原或溼地。蕨類越長越高，漸漸演化出適應乾燥環境的構造，慢慢就能在離水較遠的地方生存。
蕨類植物
距今 3.8～3.6 億年前
古蕨類長成 10 公尺高的「樹」，形成森林，並演化出以「種子」繁殖的新種植物，終於能夠遠離水邊，向從來沒有植物生長的陸地大舉進攻。
這些「樹」的根到處深入岩石，將岩石裡的氮、磷釋放到海水中。這是以前從來沒有發生過的事，所以大大改變了當時的地球環境。
到了現代，陸地早已被植物的根侵蝕幾億年了，再也不會像泥盆紀時那樣瘋狂釋放養分，造成優養化和死亡區。
喔～原來如此。

不只是這樣，
泥盆紀時期大片的「樹」生長，吸走空氣中的二氧化碳，使得全球氣溫降低，進入將近一億年的冰河時期……

到了泥盆紀末期，大規模的生物都在冰冷和缺氧的狀態下死去，包括
鄧氏魚和所有的盾皮魚，最後連這些樹自己也活不下去……

現代的樹對地球好重要，沒想到泥盆紀的「樹」卻曾闖下大禍，害死地球這麼多生命……

找到啦！找到啦！

呼……呼……

！
吱
吱

砰！
啊嗚～

！
世……

完了……

啊達！
又闖禍，到底什麼時候才會小心一點哪！

達克比在哪裡？
沒看到啊？

他被鄧氏魚吞進肚子裡……
但還好，鄧氏魚窒息以前，
肚子裡的海水應該還留著很
多氧氣……
啪
啪

先別急，用我的透
視刀看看他在裡面
做什麼？

滋
滋
什麼！

看我的！
太厲害了吧！
爆炸啦！

第二次生物大滅絕　學習單

發生時間：距今 3.75～3.6 億年前（泥盆紀末期）

主要原因：長得跟樹木一樣的古羊齒植物出現，造成世界各地大片海洋缺氧，後來還引發寒冷的冰河時期。

觀察筆記：

1 海洋生物很慘，陸地生物則幾乎不受影響。

2 愛吃鯊魚的鄧氏魚滅亡以後，鯊魚才能趁機崛起，統治現代海洋。

3 海蠍子存活下來，但闖禍的古羊齒植物從此滅絕。

4 現代的清潔用品和肥料也含有很多氮和磷，如果大量流入水中，也會造成「優養化」和「死亡區」。我們應該減少使用，或把水淨化以後再排進海裡。

學習心得：

山中無老虎，猴子當大王；
別了鄧氏魚，鯊魚霸海洋。

巨蟲的散熱藥

喂！
你看看你！

學習單只得69分，人家小博分數都比你高……

我是警察！又不是古生物專家！

我應該留在現代辦案的，誰叫你把我弄到古代來上課，×○&€Δ……
都是你！
咚

但是，學習古代知識對以後你偵辦古生物的案件有幫助……

要不是上次你們亂丟包，現代地球哪會出現古生物？

呃……反正多了解古代生物大滅絕的原因，或許就能扭轉現代地球面臨的危機，好處多多啦……
我不聽！

奇怪，專家在蜻蜓和蟑螂的化石旁挖出電風扇！這怎麼可能？應該是搞錯了……
€%¥□……
□×÷……

小博小博，我跟你說……

就這麼說定，這個給我！

啪

快往這邊來……
……

看我的！

嘻嘻，掰～掰～
!!
啊!

滋
滋

耶！終於甩開
那個綠色老頭！

沒人一直碎碎念，
太好啦！

第三站，二疊紀末
期。學習單說，這
是大滅絕裡最嚴重
的一次。

出來那麼久，
好想阿美……

我可愛的阿美，
玩蜻蜓的樣子真
可愛……

唉，熱死了！
這裡怎麼搞的
……
搧
搧

啊！
達克比～

你看！二疊紀的
大蜈蚣！
噠噠……

媽呀！好大！
死掉了，
臭臭的。

還有巨大的蠍子、
馬陸和蜉蝣……

這些生物怎麼啦？
全都死光了！
：這次果然災情慘重。聽說會有九成的生物消失，就連很少受到影響的昆蟲，也受到重大打擊……
：咦？這水摸起來熱熱的，好像溫泉……
：讓我用溫度計量量看。天呀！39℃！難怪水裡的動物都死光了！
：我不懂，泡溫泉不是有益健康嗎？他們怎麼反而死掉了？

：泡溫泉的時間不能太久，長時間住在這麼熱的溫水裡，這些水生動物的蛋白質可能會被「煮熟」，沒有辦法生存下去。
：那陸地呢？外面好像也很熱……
：天呀！簡直就是烤箱嘛！陸地上的氣溫竟然高達 57℃！
：難怪一來我就覺得好熱，看來這些動物是被活活熱死的……

太可怕了！這個時代
發生了什麼事呢？
啊

達克比！
小心後面！

刷

是巨脈蜻蜓！
咻

媽呀，蜻蜓怎麼
可能這麼大？
啊

抓
救命啊！

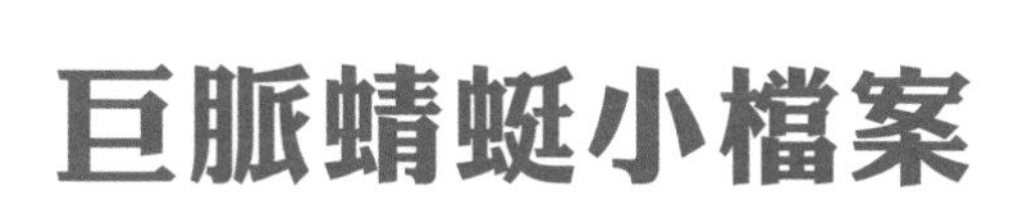

巨脈蜻蜓小檔案

姓　名	巨脈蜻蜓
學　名	*Meganeura monyi*
生存年代	距今約 3 億年前，在二疊紀末期全部滅亡
體　型	體型比現代蜻蜓巨大許多，翅膀張開的寬度可達 75 公分，大概就像鴿子一樣大，是目前已知最大的昆蟲。
特　徵	外形像現代蜻蜓，但其實不是真正的蜻蜓。會在空中快速飛行，抓其他昆蟲或小型兩生類動物來吃，是翼龍和鳥類還沒有出現以前的天空霸主。
犯罪事實	綁架警察

咻

砰!

親愛的，快來看我抓到什麼！你好久沒吃東西了……

這兩傢伙看起來軟軟肥肥，吃了一定很補！
啊！

謝謝，辛苦你了……

可惜我沒胃口……
身體好熱好熱……
感覺就像要蒸發了！

：沒事的，撐著點。等你好起來，我們再像以前一樣在天空一起翱翔……

：可是現在變得好熱，一切都變了……

：別擔心，蟑螂醫生馬上就來。這次這位新的醫生好像不錯，一定會讓你好起來的！

：希望是。但蟑螂這麼不起眼，真的會有厲害的醫生嗎？

：別小看他們。在這種熱死人的時代，大批大批的生物都活不下去，唯獨他們蟑螂活得好好的，我想他們一定有什麼祕方！親愛的，你要有信心……

叩叩叩

一定是醫生來了！
我去開門！

醫生你好，
請進請進……
沙沙

借過！
跳

……

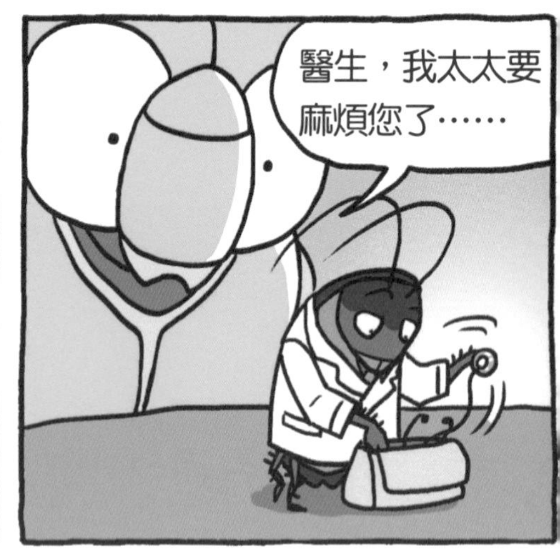
醫生，我太太要
麻煩您了……

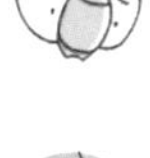：無論如何請您救救她！求求您……

：不是我不願意，但是氣溫實在是太高了！她所有的生理機能都被高溫打亂，就跟我其他的病患一樣……

：既然如此，您趕緊幫她散熱，讓她降溫不就好了嗎？

：確實是這樣沒錯，但這幾天的瘋狂熱浪，讓溫度飆升到60℃，連蛋都快要煮熟！我們的散熱藥早就用光，一點都不剩了……

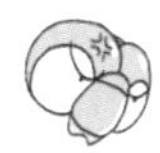：怎麼可能？才過幾天就突然沒了？這是故意騙人的吧？

：不是，你聽我說！西伯利亞的火山正在持續大爆發，從海裡到陸上，到處都是熱死的動物……散熱藥當然會不夠用啊！

火山爆發與生物大滅絕
轟
轟
二疊紀末期，西伯利亞發生大規模的火山爆發，
把大量的二氧化碳氣體噴進空氣中。
啊
啊
空氣中的二氧化碳溶解在雨水裡，
變成「酸雨」，讓大量植物枯萎死亡。
植食性的小動物也因此沒東西可吃。
咦？怎麼酸酸的……
植物都枯死，沒東西吃了……
當空氣中的二氧化碳變多，會吸收比較多太陽照到地球的熱，讓地球無法散熱，造成「溫室效應」。

當時陸地變得很熱，熱帶地區甚至接近 60℃（雞蛋的蛋白 62℃就會熟），許多陸地生物都熱死了。
老公，我們的蛋都煮熟了……
海洋溫度也上升到 40℃左右，就像在「煮魚湯」，把海洋生物都煮熟了。由於氧氣不容易溶解在高溫的海水裡，海洋也因此變得缺氧。
嗚嗚，我不想變成魚湯……
海水缺氧讓海洋生物死個精光，只剩下海底那些不怕缺氧的細菌可以存活下來。但是這些細菌又會產生有毒物質，讓其他生物更難存活。
又熱又毒，誰活得下去啊？
我們細菌啊，嘻嘻！

現代地球也在發燒中

古代高濃度的二氧化碳幾乎毀了大半個地球。那麼現代呢？現代雖然沒有大規模的火山爆發，但我們的工廠、汽車、飛機排放大量的二氧化碳，也讓地球再度面臨「全球暖化」的問題。

其實，現代地球的平均溫度，已經較一百多年前上升了近 1℃，為了不讓地球持續發燒，我們應該記取二疊紀的教訓，趁早減少排放二氧化碳和其他溫室氣體。

：這是天大的誤會呀！我們蟑螂之所以能躲過高溫，是因為我們的身材比你們小……

：什麼？你說清楚！不然我今天絕對不放過你！

：你們巨脈蜻蜓體型巨大，捉起獵物來很威風，但是體型越大越不容易散熱，這是你們生存在這個時代最大的挑戰！

我們蟑螂又小又扁，
不但好散熱，還能鑽
進涼快的石頭縫避開
高溫……

而且我們是雜食性，有什
麼吃什麼，不像你們必須
到處捕食，越飛越熱……

?

怎麼好像
有風？

咦，
風更強了！

涼
涼
涼

好涼，我覺得好多了……

你們夫妻的愛情真感人！
讓我想起我跟阿美……

真是謝謝你，早知道不該這樣對你，真不好意思……

呀呀呀
沙沙沙

怕怕

你是哪來的醫生？

醫術怎麼這麼高明！
這是什麼儀器？好先進。

可以教我嗎？

鏘
咚

不要過來！

誠意請教竟然
這樣對我……

……

砰

沙沙沙

啊啊啊

涼
涼
嘻嘻，是我們的了！

好涼好舒服！

我懂了！原來化石裡的電風扇是這樣來的……

等等我啊～達克比！

第三次生物大滅絕　學習單

發生時間：距今 2.5 億年前（二疊紀末期）

主要原因：大規模火山爆發，噴出大量岩漿和二氧化碳，使地球溫度飆高。

觀察筆記：

1 這次大滅絕被稱為「大死亡」。海洋生物幾乎死光，只剩 4% 存活下來；陸地的生物也不好過，70% 的生物種類滅亡。這是所有滅絕中最嚴重的一次，更是唯一一次連昆蟲也出現大規模的滅亡。

2 二氧化碳會影響地球的溫度。當空氣中的二氧化碳增加，地球會變熱；二氧化碳減少，地球會變冷。為了避免現代的地球越變越熱，我們應該減少排放二氧化碳。

3 三葉蟲在這次滅絕中永遠消失。巨脈蜻蜓和大量古昆蟲絕種。

4 蟑螂雖然不受歡迎，但卻是最成功的昆蟲，在地球上繁衍超過 3 億年。

學習心得：

全球暖化，蟑螂怕怕；
節能減碳，吾愛吾家。

發現恐龍祖先

我們來到第四次大滅絕
的現場了，時間是兩億
年前的三疊紀末期……

離上一次大滅絕都
五千萬年了，怎麼
還是這麼熱？

我！小恐龍大始！

我！小恐龍小盜！

今天發誓，成立
「怪毛幫」……

註：古人結盟時，喝動物的血表示誠意，稱為「歃（ㄕㄚˋ）血為盟」。

夠了，
你麼兩位！

小朋友怎麼可以不學好，
還組成幫派呢？

應該到學校上課，
認真學習才對啊！
：我們也不想啊，是那隻蜥鱷太壞了，仗著自己塊頭大，
經常欺負我們……我們只是想報仇！
：對啊，昨天他還嘲笑我們恐龍超級弱小，隨便一隻鱷都有
我們的三倍大，如果不聽他的話，就要把我們一腳踩扁，
丟進湖裡餵鱷魚……
：哈哈，這話未免也太狂妄，鱷魚怎麼可能比恐龍大？

其實蜥鱷沒説錯……
這些始盜龍是最古老的恐龍之一。
恐龍剛出現在地球上時，其實是很弱小的。

他們是可憐的弱勢族群……

三疊紀末期的世界霸主是鱷類，鱷類佔據了大量的空間和食物，
恐龍的祖先則個子嬌小、地位卑微。

哼！我們受夠了，
不想再受鱷類欺負！

所以決定今天約他來，
團結起來對付他！

始盜龍小檔案

姓 名	始盜龍（學名 *Eoraptor*）
生存年代	距今約 2 億 3000 萬年前的三疊紀末期
體 型	目前發現最古老的恐龍之一，很可能是所有恐龍的共同祖先。體型很小，身長大約 1 公尺，站立高度只到人類的膝蓋；同年代的恐龍都很弱小，經常被大型的鱷類吃掉。
主要天敵	 蜥 鱷（學名：*Saurosuchus*）身長 6 ～ 9 公尺 古老鱷類及現代鱷魚的古代親戚，名字的意思是「像鱷魚的蜥蜴」。

太陽都升得這麼高了，
蜥鱷怎麼還沒來？

一定是聽到我們要
報仇就怕了……
啪

哇哈哈哈！
這兩個真是……

大家注意，
不好了！

呼呼呼……
好喘……
怎麼啦，發生
什麼事？

湖區那邊火山爆發，
都變成火湖了！

砰！
!!

真是大消息，我趕快
去通知大家！

……

耶！
喲呼！蜥龘家就
在湖區那邊！

活該，誰教他平常
都欺負人！
哇哈哈哈！

惡有惡報！
沒錯！啦～
啦啦啦啦～
哼

說不定他會變成
炭烤鱷魚……

還是好吃的
鱷魚串燒？
嘻嘻！

唉，這兩個真是……
耶
耶

唰—

啊！
又抓我？

嗞
嗞

你們兩個給我
聽清楚了！

哼

扯
扯

哇，好小，
好可愛！
沒想到有這麼
嬌小的恐龍……
嘻嘻
哈哈

每次看到地球動物彼此
仇視、幸災樂禍，就讓
我十分難過……

難過就難過，幹嘛
放網子抓人啊？

害我的帥頭變這樣……

你們以為倒楣的
只有蜥蠵嗎？
這是一場全球
浩劫！
砰

讓我帶你們到地球
上空好好看看……
站穩了！

轟

咻—

咦，地球是什麼？
可以吃嗎？

噓！不知道，
安靜啦……

氣候特色：
海岸比較溼潤，內陸地區則因為太廣大了，海洋的水氣難以到達，所以十分乾燥。
這是三疊紀時期的地球，當時所有的陸地連在一起，組成一塊「盤古大陸」。
盤古大洋
盤古大陸
古地中海
構成範圍：
包括現今的歐洲、亞洲、北美洲、南美洲、非洲、南極洲、澳洲和印度次大陸

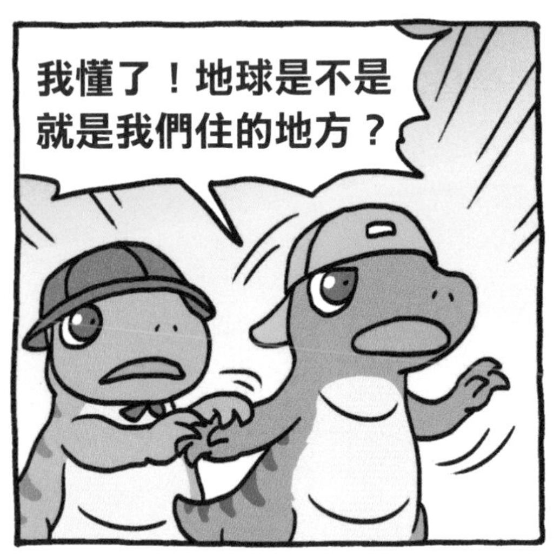
我懂了！地球是不是
就是我們住的地方？

沒錯，你們住在盤古
大陸上，就在地球的
這一邊……

可是現在……

盤古大陸正在分裂！
咔！

這場災難將消滅
四分之三的地球生物！
啊

你剛剛說的四分之三
是什麼意思？

可以吃嗎？
咚！
鏘！

**就是每四種生物就有
三種會被消滅啦！**

老師有教，
你都在睡覺！

除了討厭的蜥蜴家族，包括你們的家人、鄰居，也有可能在這場災難消失……
不信的話你們就來看看地球變成什麼樣子吧！
啊？！
盤古大陸裂開了！
好多火山爆發！
到處是火和煙！

大陸分裂與生物大滅絕

地球板塊一直以緩慢的速度移動（請見第六集74頁）。有時候，板塊會互相推擠、隆起而變成山脈；有時候，板塊卻可能分裂，使陸地下陷成為裂谷。這兩種情況都會伴隨著火山爆發，改變動物和植物的生存環境。科學家認為，三疊紀末期的生物大滅絕，很可能就是盤古大陸張裂所引發的。

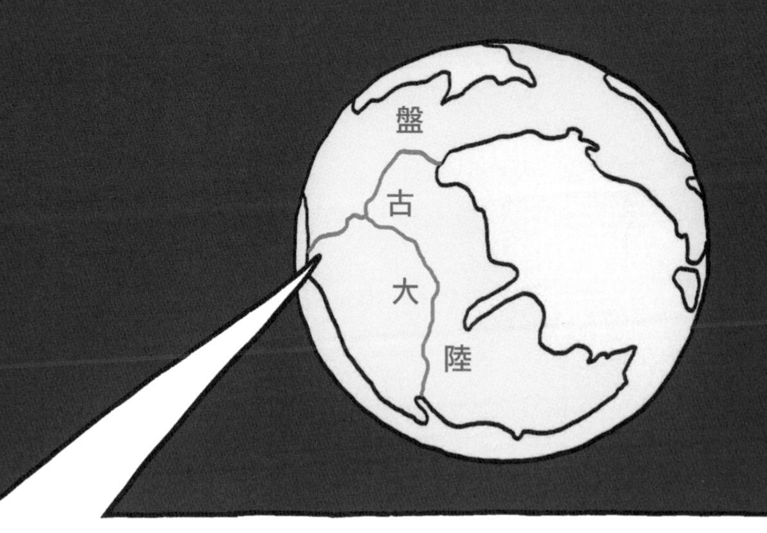

1. 在盤古大陸準備裂開的地方，張裂的地層會變薄、下陷而成為裂谷。

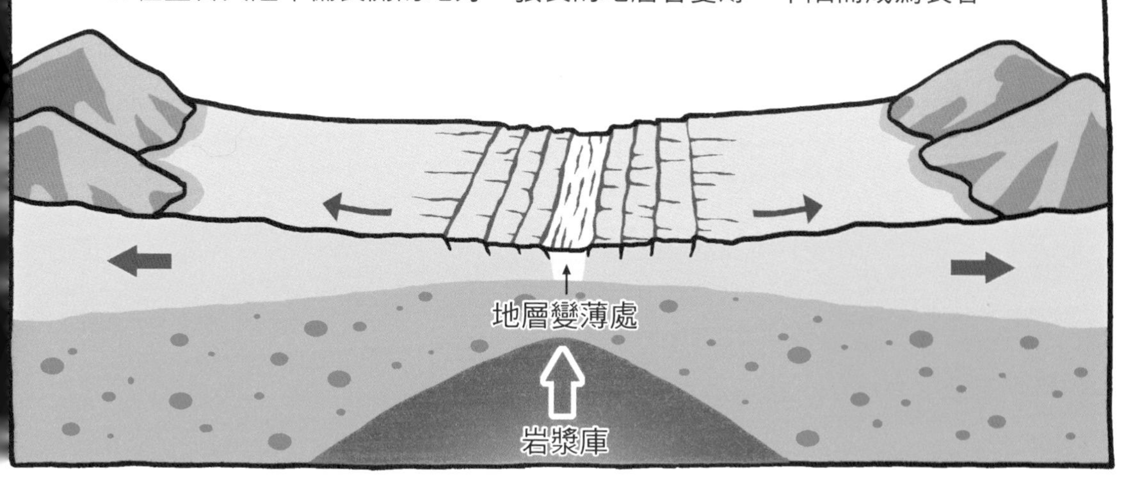

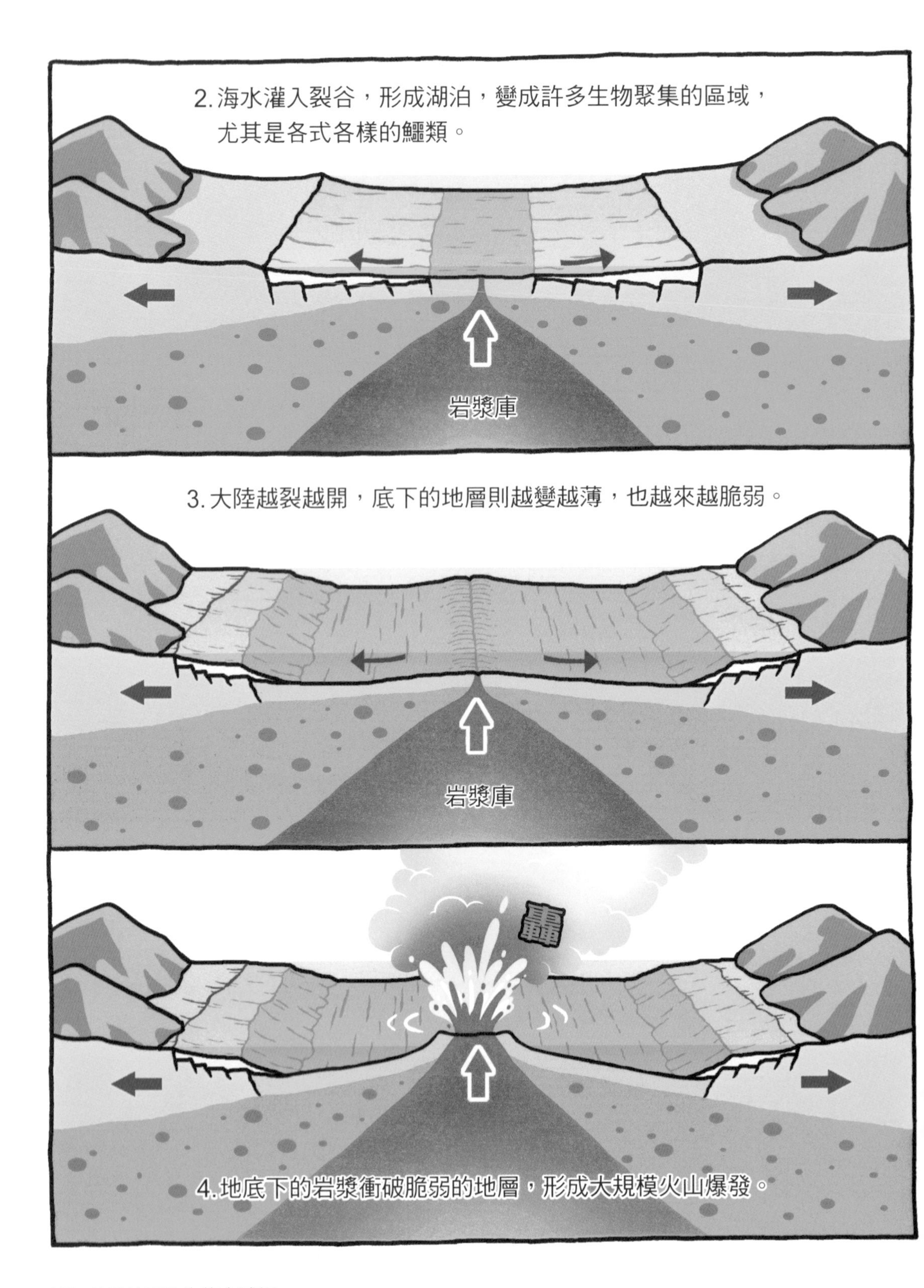
2. 海水灌入裂谷，形成湖泊，變成許多生物聚集的區域，
尤其是各式各樣的鱷類。
岩漿庫
3. 大陸越裂越開，底下的地層則越變越薄，也越來越脆弱。
岩漿庫
轟
4. 地底下的岩漿衝破脆弱的地層，形成大規模火山爆發。

我們的地球……
實在太慘了……
嗚哇～
真糟糕，大家現在
不知道怎麼樣了？
：那些不可一世的蜥鱷、靈鱷、鏈鱷，甚至更巨大又凶猛勞氏鱷都會消失，沒有人逃得過。
：還好大始和小盜跟著我們逃了出來，不用跟著受苦受難……
：不！他們要回去，他們應該要回去！

降低高度，回到地球表面！
遵命！

不行啊，現在的地球不適合生存……

送他們回去，是死路一條！
我不想變恐龍乾！
我也不想變烤肉！
哇！
哇！

你們兩個別擔心……

古鱷會消失，但你們恐龍不會！

趁古鱷消失的時候，
努力生存下來……

以後你們的後代就會
成為地球的王！
啊

真的嗎？

喔耶！
太棒了！
呃……

新王換舊王的好時機

每次大滅絕都是生物新霸主崛起的好時機，因為霸占大多數空間和食物的舊王滅亡以後，原本不起眼的生物才有機會獲得更多的食物和空間，可以長得更大、繁衍更多後代，最後成為新時代的王，恐龍就是一個最好的例子。

等到火山灰飄落後，火山噴發的二氧化碳開始發威，造成全球暖化，也讓天氣變得異常炎熱。
CO2
熱死了
冷熱劇烈變化的氣候，造成許多動物走向滅亡，即使是當時最強盛的鱷類也無法生存。但是，弱小的恐龍卻反而撐了下來。

這是因為你們恐龍的身上有毛……
咦？

比沒有毛的鱷類，更能撐過大滅絕的考驗！
萬歲！

好好活下去，等到巨大的鱷類消失，將來就是你們恐龍的天下了！

等等，我有東西送給你們……

鏘鏘！以後要結盟時可以改喝這個，
蕃茄汁！

不要再喝蚊子汁，蚊子不衛生！
哼！

救命呀！
看我的厲害！

第四次生物大滅絕　學習單

發生時間：距今 2 億年前（三疊紀末期）

主要原因：盤古大陸分裂，導致大規模的火山爆發。大片地區被四處溢流的岩漿覆蓋，氣候也出現劇烈變化。

觀察筆記：

1 在第四次生物大滅絕中，全球將近四分之三的生物滅亡，包括當時最強盛的動物家族——鱷類。

2 當時消失的鱷類和現代鱷魚不同，有些鱷類身材修長，前腳粗短，後腳可以快速奔跑，抓小型恐龍來吃。

3 剛在地球現身的恐龍很弱小，例如始盜龍類，只跟現代的小狗差不多大。

4 鱷類消失以後，小恐龍努力生存，繁衍出許多後代，後來恐龍終於揚眉吐氣，稱霸地球一億多年。

學習心得：

強壯的未必能贏，
凶悍的未必得勝；
一代王者垮台，
動物改朝換代。

末日恐龍王

咻

你為什麼這麼壞，
來撞我們的地球呢？
停！

我只是剛好路過，
我也不願意啊……
嗚

想傷害地球，
沒這麼容易！

吃我一拳！
啊達～

咔！

喔吼吼吼！

啊！怎麼會變出
這麼多顆？

砰

啊啊不要！
咚！

暈

達克比做惡夢啦？
他一定是擔心大隕石快來了，才會這麼緊張。除非跟他們一樣……

什麼都不知道，才能無憂無慮……
哈哈
啦啦啦
咚咚

隕石撞地球小檔案

撞擊者	希克蘇魯伯隕石
大 小	直徑 10 ～ 14 公里
撞擊時間	距今 6500 萬年前的白堊紀末期
地 點	北美洲墨西哥灣
撞擊地面的速度	每秒 20 ～ 40 公里（以這個速度從飛機的高度掉落地面只要 0.3 秒）。
撞擊地球的命運與後果	撞出寬達 180 公里的「希克蘇魯伯隕石坑」，引發連鎖性的全球災難，造成第五次生物大滅絕。由於撞擊時的溫度太高，希克蘇魯伯隕石可能全部蒸發為氣體，而許多生物則在災難後滅亡。

一旦隕石撞擊，這些恐龍全活不了！難道我們只能坐在這裡，眼睜睜的看著恐龍滅亡嗎？
吼
吼

我們不能改變地球的歷史！

誰說的！

不然你們鴨嘴獸和鼴鼠都不會存在！

因為恐龍滅亡，哺乳類才有機會崛起，並演化出後來的許多動物！

：現在，保護好自己最要緊，快穿上防護衣！這種萬能防護衣能防火、防彈、防熱、防輻射、防撞擊……時間不多了，動作快！
：不是只有隕石撞擊嗎？何必要有這麼多種防護功能？
：很快你們就會知道……快穿上！
時間只剩 21 分 19 秒……
降落地點在 2500 公里之外……

不管！我決定了！

咚！
喀！

大聲公
噹啷！
指揮棒

你⋯⋯你們到底
要做什麼？

我達克比是
人民的保姆！
有責任警告大家：
「隕石來了，要找
地方躲起來！」

⋯⋯
噠
噠
噠

防空警報！
防空警報！

隕石要來啦！
吱——

大家趕快躲起來！
躲在安全的地方！

吵死了！
喂
喂

這傢伙是誰啊？
誰知道！吵到恐龍王，他就死定了！

奇怪？怎麼大家
都不動，是聲音
太小嗎？

那再用這個……

叭
叭
叭

這麼吵叫人怎麼
睡覺啊？
哼

叭叭唏里叭！
注意！隕石
即將降臨！

請趕快躲進地洞、樹洞、
山洞……任何可以躲避的
安全地方！

你是誰？是恐龍王命令你叫我們躲起來的嗎？

不是不是。我們是來自六千多萬年後的哺乳類動物……
乖乖

跟你們說喔，有一顆這……麼大的隕石要撞地球了……

爬爬
嘻嘻
「隕石」是什麼？很大隻的恐龍嗎？

隕石是來自外太空的小行星或彗星，撞擊地球後又墜落到地面上……
大氣層

唉呀，這樣太慢！

小朋友，我們來
玩躲貓貓喔……

數到三……
被抓到的當鬼！
好玩好玩！
哈哈！

一、二……

趕快去躲！
快躲起來！

三！

呼～
總算有人去躲了……

快逃呀！

揮
吵到我，你
不想活了？

不不不……是因為
隕石要來啦！

我是恐龍王！
抖

誰來我都不怕！
啊！
嗚哇～
馬麻～

吼！
放開我的孩子！

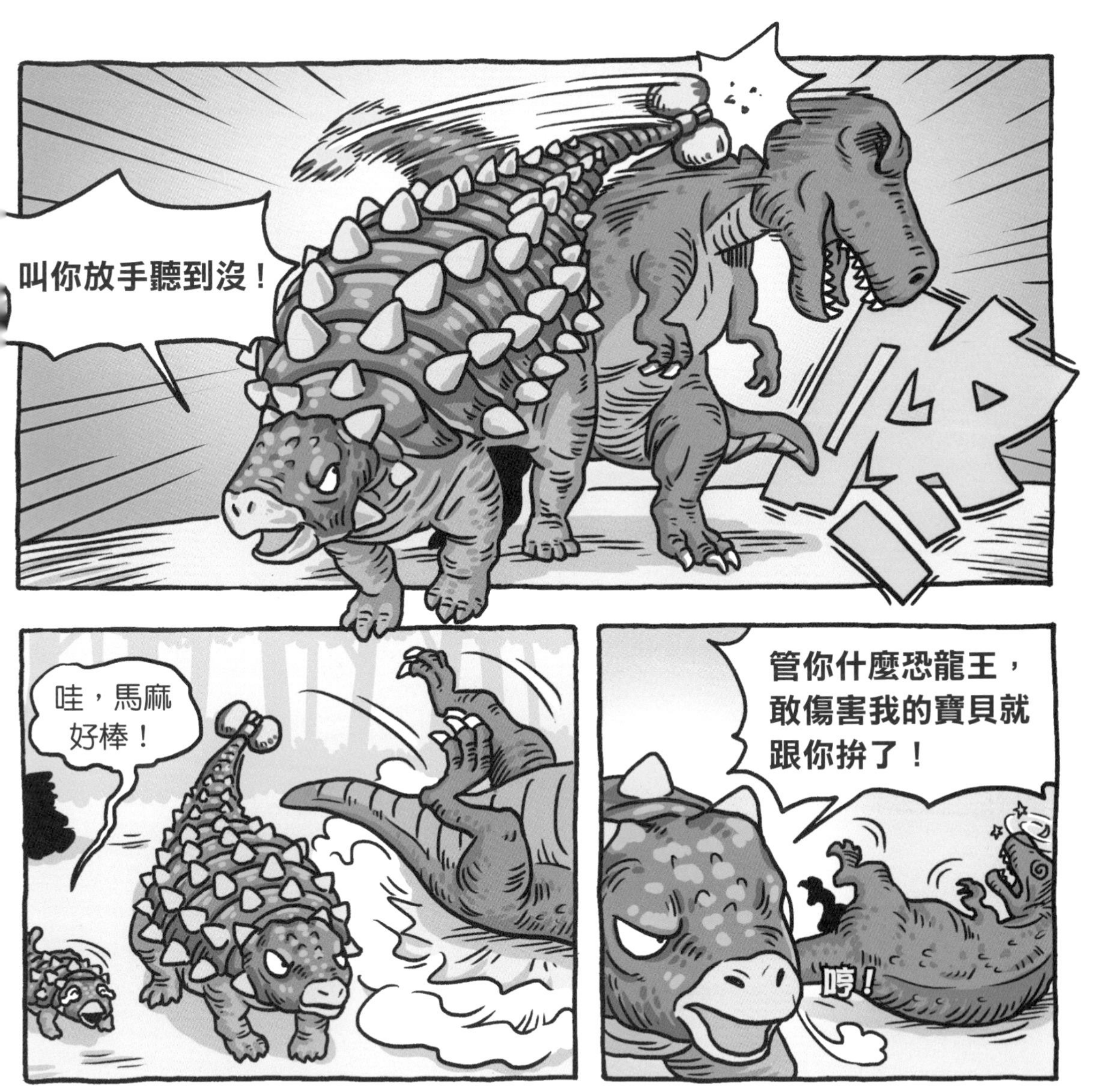
叫你放手聽到沒！
哇，馬麻好棒！
管你什麼恐龍王，敢傷害我的寶貝就跟你拚了！
哼！

糟糕，時間快到了……

隕石來了！倒數，五、四、三、二……

大隕石終結白堊紀

白堊紀末期原本是氣候宜人、適合生物生活的穩定環境。可是誰料得到呢？一顆巨大的隕石從天而降，在短短的幾秒之內，改變了整個地球的命運。

平均要一億多年，才會有寬10公里以上的大隕石造訪地球一次，但偏偏就讓白堊紀末期的恐龍們給遇上了，包括大名鼎鼎的暴龍都無法倖免。這場轟天巨變的災難現場究竟是什麼樣子？如果你是恐龍，又會目擊什麼樣的末日景象呢？讓我們跟著達克比的腳步看下去就知道了。

大型隕石撞地球會帶來一連串災難，圖為電腦模擬場景。

巨大隕石撞擊地球後，會引發一個接一個的災難反應。首先，隕石撞擊點會發出強光與高溫，不但會烤熟近處的恐龍，也會使遠方的恐龍失明或晒傷。

消失了……
啊！是隕石！

啊啊，我的眼睛好痛！
噠噠噠

什麼都看不見！
我的眼睛瞎了！
咚
砰

別亂跑！
小心哪！

強光之後，緊接著傳來的是超級大地震——
規模12以上的大地震會引發山崩地裂、海嘯
甚至火山爆發……

小心！是隕石撞擊
引發的大地震……

嘩
刷
不要被樹打到！
砰

不要慌，快躲起來！

啊？!

撞擊產生的氣爆，會產生比山還高的滾滾煙塵，像風暴一樣橫掃大地……
轟
轟
轟

糟糕！
氣爆要掃過來了！

達克比，
我們快跑！

救命哪～
轟
轟

就連威猛無比的恐龍王暴龍都會整隻被吹起……
咻
飄

小博抓緊！
別被吹跑了！

咔
咔

咻
刷
老大……

我們真的不用去救
他們兩個嗎？

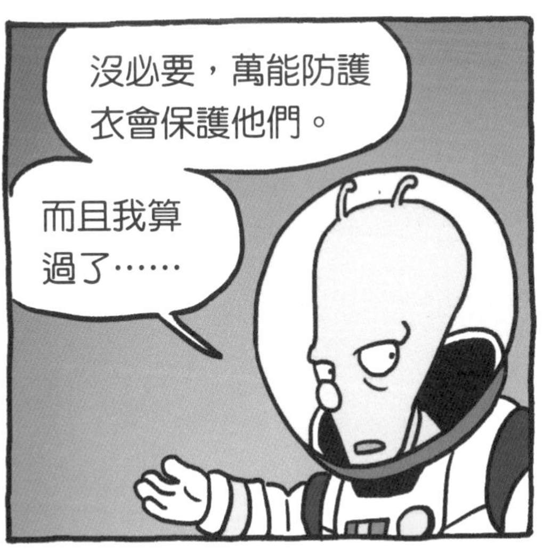

撞擊激起的碎石、土塊噴向高空以後，會像火球一樣落回地面，引發大火燃燒森林與草原。

大家快找地方
躲起來！

見證末日的恐龍與大型爬蟲類

暴龍稱王，威猛不可一世；但是卻也倒楣的登上末日列車，見證恐怖隕石撞擊地球的黑暗時刻。除了暴龍，古生物學家也在大滅絕前的地層中，挖出其他恐龍的化石，像是三角龍、包頭龍、埃德蒙頓龍等；還有各式各樣大型爬蟲類的化石，像是翼龍、滄龍和蛇頸龍家族的最後成員，牠們都同時經歷末日降臨，也全都逃不過這場天翻地覆的巨大災難。

暴龍

- 肉食性
- 高 6 公尺，長 13 公尺

三角龍

- 植食性，角龍類
- 長 7 ～ 10 公尺
- 當時數量最多的恐龍

海王龍
●肉食性，滄龍類
●最長 14 公尺
包頭龍
●植食性，甲龍類
●長 7 公尺
薄板龍
●肉食性，蛇頸龍類
●長 14 公尺
風神翼龍
●肉食性，翼龍類
●翅膀張開寬度
10 ～ 12 公尺

救命啊！
啊啊！
嗚哇哇！
好燙！

嗯？

這是什麼？

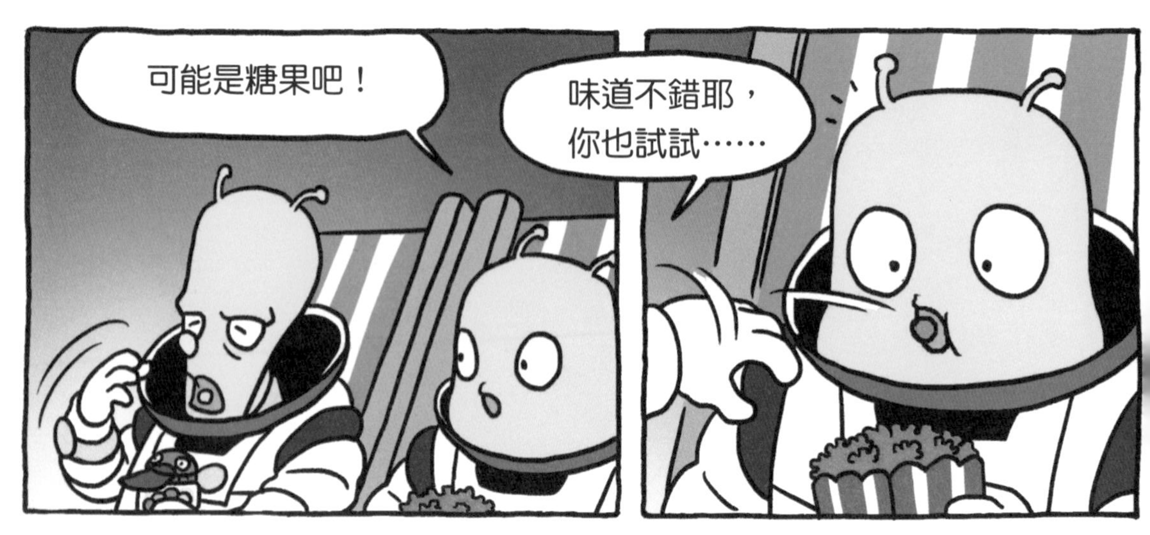
可能是糖果吧！
味道不錯耶，你也試試……

嗯？
啊啊！

媽呀！

啊啊啊！
ㄊㄨㄚ
ㄊㄨㄚ
ㄊㄨㄚ

我們回去拿背包！
去找團長他們！
好！

動作快！
幫我放進去！

啊！完了……

啊啊啊！
吱吱——
啾啾
啾～
我們回家了嗎？
不是做夢吧？

第五次生物大滅絕　學習單

發生時間：距今 6500 萬年前（白堊紀末期）

主要原因：地球遭到寬達 10 公里的巨大隕石撞擊。

觀察筆記：

1. 每天都有隕石掉落地球，但寬度超過 10 公里的巨大隕石，平均一億多年才會出現一次。在一連串的災難以後，隕石撞擊激起的微粒會浮在空中，遮住陽光，使地球陷入連續好幾年的寒冷黑暗期，影響植物與動物的生存。
2. 恐龍消失後，哺乳類取代恐龍，演化成新的地球之王。
3. 現代科學家能事先找出威脅地球的小行星，也能想辦法讓它在撞擊地球前提早轉彎。
4. 回到現代後的達克比，決定要愛阿美和地球一萬年。

學習心得：

2029 死神星，飛越地球別擔心；
三萬公里擦身過，世界末日不降臨。
誰為我們盯夜空，發現行星的行蹤？
天文學家熊貓眼，拯救世界真英雄。

下集預告

達克比一行人會在動物奧運會遭遇什麼危機呢？　**請看下集分解**

小木屋派出所新血召募
想和動物警察達克比一起出任務嗎？來個理解力大考驗，測試自己的辦案能力吧！

拿出達克比辦案的精神，

1 **地球歷史上曾經出現過五次規模最大的生物滅絕事件，請將這些大滅絕的事件由遠而近寫下順序，並連上正確的場景與敘述：**

☐ **泥盆紀末期**
海洋生物大規模滅亡

☐ **二疊紀末期**
超過 75% 的陸地生物及 95% 的海洋生物滅亡

☐ **白堊紀末期**
非鳥類恐龍、翼龍、滄龍、蛇頸龍及大量動植物滅亡

☐ **奧陶紀末期**
約有 85% 的生物種類滅亡

☐ **三疊紀末期**
大約 75% 的生物種類消失

請找出下列題目的正確答案。

2 下列這些古生物，出現的年代都不一樣，請由遠而近，排出牠們出現在地球歷史上的正確順序：

答：＿＿＿＿＿＿＿＿＿＿＿＿＿＿＿＿＿＿＿＿

泰爾雷鄧氏魚

三葉蟲

暴 龍

蜥 鱷

巨脈蜻蜓

3 如果地球溫度出現非常劇烈的變化，就有可能讓生物出現大規模的滅絕，請判斷下列那些情況可能會讓地球出現暖化危機？

答：＿＿＿＿＿＿＿＿＿＿＿＿＿＿＿＿＿＿＿＿

① 火山爆發，釋出過多的二氧化碳。

② 火山爆發，釋出過多的火山灰。

③「樹」太多，吸收過多的二氧化碳。

④ 工廠和交通工具排出過多的二氧化碳。

解答篇

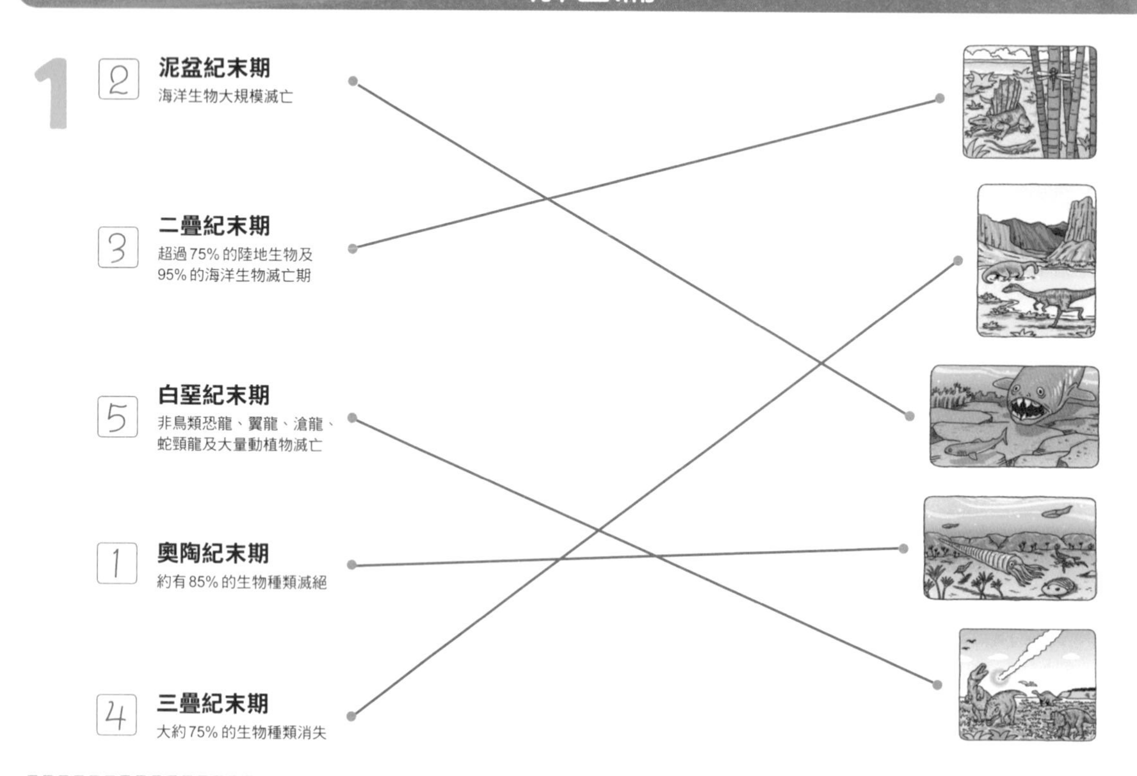

② 
三葉蟲

① 
泰爾雷鄧氏魚

⑤ 
巨脈蜻蜓

④ 
蜥鱷

③ 
暴龍

3

① 火山爆發，釋出過多的二氧化碳。

④ 工廠和交通工具排出過多的二氧化碳。

● 你答對幾題呢？來看看你的偵探功力等級

答對一題 | ☹ 你沒讀熟，回去多讀幾遍啦！
答對二題 | ☺ 加油，你可以表現得更好。
答對三題 | ☻ 太棒了，你可以跟達克比一起去辦案囉！

多讀達克比，你以後
就可以跟我一樣變成
厲害的動物專家喔！

作者 胡妙芬
繪者 柯智元
達克比形象原創 彭永成
責任編輯 林欣靜
美術設計 蕭雅慧
行銷企劃 陳雅婷

天下雜誌群創辦人 殷允芃
董事長兼執行長 何琦瑜
媒體暨產品事業群
總經理 游玉雪
副總經理 林彥傑
總編輯 林欣靜
行銷總監 林育菁
主編 楊琇珊
版權主任 何晨瑋、黃微真

出版者 親子天下股份有限公司
地址 台北市 104 建國北路一段 96 號 4 樓
電話 （02）2509-2800
傳真 （02）2509-2462
網址 www.parenting.com.tw
讀者服務專線 （02）2662-0332 週一～週五：09:00~17:30
讀者服務傳真 （02）2662-6048
客服信箱 parenting@cw.com.tw

法律顧問 台英國際商務法律事務所・羅明通律師
製版印刷 中原造像股份有限公司
總經銷 大和圖書有限公司 電話：（02）8990-2588
出版日期 2019 年 8 月第一版第一次印行
2024 年 7 月第一版第二十一次印行
定價 320 元
書號 BKKKC121P
ISBN 978-957-503-453-5（平裝）

國家圖書館出版品預行編目資料

達克比辦案 7, 末日恐龍王：地球的五次生物大滅絕 / 胡妙芬文；柯智元圖. --
第一版. -- 臺北市：親子天下, 2019.8
144 面；17×23 公分
ISBN 978-957-503-453-5（平裝）
1. 生命科學 2. 漫畫
360 108009923

P17、30、126、132、133 圖片提供：Shutterstocks 圖庫